谢耳朵漫画

物理大爆炸

128堂物理通关课

• 进阶篇

力

李剑龙｜著
牛猫小分队｜绘

浙江科学技术出版社

图书在版编目（CIP）数据

物理大爆炸：128 堂物理通关课.进阶篇.力 / 李剑龙著；牛猫小分队绘 . —杭州：浙江科学技术出版社，2023.8（2024.6 重印）

ISBN 978-7-5739-0583-3

Ⅰ.①物… Ⅱ.①李… ②牛… Ⅲ.①物理学－青少年读物 Ⅳ.① O4-49

中国国家版本馆 CIP 数据核字 (2023) 第 052598 号

书　　名	物理大爆炸·128 堂物理通关课（进阶篇）		
著　　者	李剑龙		
绘　　者	牛猫小分队		

出　　版	浙江科学技术出版社	网　　址	www.zkpress.com
地　　址	杭州市体育场路 347 号	联系电话	0571-85176593
邮政编码	310006	印　　刷	雅迪云印（天津）科技有限公司

开　　本	880mm × 720mm 1/16	印　　张	69.5（全 6 册）
字　　数	680 千字	插　　页	6
版　　次	2023 年 8 月第 1 版	印　　次	2024 年 6 月第 5 次印刷
书　　号	ISBN 978-7-5739-0583-3	定　　价	210.00 元（全 6 册）

责任编辑	卢晓梅	责任校对	赵 艳
责任美编	金 晖	责任印务	叶文炀

鸣谢名单

第8册　徐　颖　谭　章

第9册　赵　沛　李　涛　卜　赟　王　一　孙亚飞

　　　　代佳明　吴跃伟　李延兵

第10册　汪建勋　唐立梅　吕秋平　全向前

第11册　李轻舟　王　苏　刘芳菲

第12册　杨式辉　孟　斐　何校威　陈　耸　周至美

　　　　曹　伟

感谢所有为本书提供彩色照片的科学家和摄影师们。

你好，我叫李剑龙，现在住在杭州。我在浙江大学近代物理中心取得了博士学位，也是中国科普作家协会的会员。

在读博士的时候，我就喜欢上了科学传播。我发现，国内的很多学习资料都是专家写给同行看的。读者如果没有经过专业的训练，很难读懂其中在说什么。如果把这些资料拿给青少年看，他们就更搞不懂了。

于是，为了让知识变得平易近人，让青少年们感受到学习的乐趣，我创办了图书品牌"谢耳朵漫画"。漫画中的谢耳朵就是我。我的主要工作就是将硬核的知识拆开，变成一级级容易攀登的"知识台阶"。于是，我成了一位跨领域的科研解读人。我服务过 985 大学、中国科学院各研究所的博导、教授和院士们。此外，我还承接过两位诺贝尔奖得主提出的解读需求。

"谢耳朵漫画"创办以来，我带领团队创作了多部面向青少年的科学漫画图书，如《有本事来吃我呀》《这屁股我不要了》和《新科技驾到》。其中有的作品正在海外发售，有的作品获得了文津奖推荐，有的作品销量超过了 200 万册。

我在得到知识平台推出的重磅课程"给忙碌者的量子力学课"，已经帮助 6 万人颠覆了自己的世界观。

你好呀，我是牛猫小分队的牛猫，我的真名叫苏岚岚。我从中国美术学院毕业后到法国学习设计，并且获得了法国国家高等造型艺术硕士文凭。求学期间，我的很多专业课拿了第一，作品多次获奖，也多次参加国内外展览。由于表现突出，我还获得了欧盟奖学金支持，到德国学习插画，并且取得所有科目全A的好成绩。工作以后，我成为《有本事来吃我呀》和《动物大爆炸》的作者、《新科技驾到》和《这屁股我不要了》的主创。

看到这里，你一定以为我是一名从小到大成绩优秀的"学霸"。其实，我中学时代偏科严重，是一名物理"学渣"。明明自己很聪明，可是物理考试怎么会不及格呢？我经过长时间的反思，终于找到了原因。课本太枯燥了，老师讲得又无趣，久而久之，我对这个科目完全失去了兴趣。

从学渣到学霸的转变，让我深刻体会到"兴趣是最好的老师"。于是，我把设计、画画、编剧等技能发挥出来，开创了用四格漫画组成"小剧场"来传播科学知识的形式。咱们这套书里的很多故事就是我和李老师共同创作的，希望让小朋友在哈哈大笑中学会知识。

牛猫小分队的另一个核心成员叫赏鉴，他是咱们这套书的漫画主笔，他画的漫画在全网已经有5000万以上的阅读量啦。

自序

　　我在大学里学的专业是物理学。每次向新朋友做自我介绍后，对方都会倒吸一口凉气，说："物理？我当年考得最差的一门学科就是物理。"

　　经过很多次尴尬的沉默之后，我渐渐总结出，我的朋友们对物理存在以下4种刻板印象：

1. 物理非常难学

2. 物理很无趣

3. 物理很抽象

4. 物理研究的东西很虚幻，跟普通人关系不大

  ……

　　如此看来，物理真的不该成为必修课，而是应该变成选修课，让不喜欢它的人可以不学。

事实上，在几年前，某些省份进行了教育改革。那里的学生真的可以不学物理，他们高考的时候也不用考物理。那么，这是一件好事吗？

2018年6月，我回母校办事。正跟一位教授谈话时，另一位教授推门而入，向我们大倒苦水。原来，这位教授有两个班的学生，他们由于高中根本没有学过物理，现在大学物理这门课程完全跟不上。马上就要考试了，这位教授不知道要怎样出题才能让他们考过。

奇怪了，既然高中都没有学物理，那么大学里为什么还要再学物理呢？

因为大学里的很多专业，都涉及物理学在某些具体场景中的应用，比如机械工程、土木工程、信息电子、通信工程、航空航天、生物医学工程、化学、地球科学、环境科学、材料科学等。而有些专业看似跟物理学没有直接关系，但如果你完全不懂物理学，你就不可能真正吃透它的原理，比如计算机科学。

以上这些专业领域与我们息息相关。对这些专业而言，物理学就像水电煤气、高速公路和互联网一样，是它们的基础设施。你不可能在完全不懂物理学的前提下学好这些专业，正如你不可能在没有空气、水和电的月球上过日子。

因此，物理一点儿也不虚幻，它一直在为我们服务。我们每个人都应该懂一点儿物理。

了解了物理的重要性，接下来只有 3 个刻板印象有待我们破除，让我直接亮出我的看法。

物理抽象吗？物理中的许多概念确实很抽象，但这些概念全部是从可测量、可感知、可重复的物理现象中提炼出来的。因此，物理本身并不抽象。

物理难学吗？物理说难也不难，只是有些人还没有理解物理该怎么学。这就好比我们是天天在地上走的人，没法秒懂机器飞行的逻辑，所以会觉得开飞机很难学。

物理无趣吗？在 60 年前，美国物理学家费曼也遇到了类似的问题。为了让大学生理解物理的逻辑，感受物理的乐趣，体验物理的奇妙，他和他的团队出版了著名的《费曼物理学讲义》。在大学期间，这套书是我的苦海明灯。它帮助我破除了对大学物理的各种刻板印象，让我对学好物理重拾了信心。

从 2018 年那次经历之后，我试着追随费曼的脚步。我希望在孩子们对物理失去兴趣之前，就先带他们去物理世界玩一圈。于是，我和我的团队制作了《物理大爆炸·128 堂物理通关课》基础篇、进阶篇。这两套书涵盖了物理学中的声学、光学、物质属性和力学部分。在未来，我们还将制作《物理大爆炸》后续图书，将热学和电学部分也包含在内。我希望，这套书能够像《费曼物理学讲义》一样，让那些还没有喜欢上物理的孩子眼前一亮，让他们对学好物理充满信心。

在星辰大海的征途上，让物理来得更多更猛烈些吧！

李剑龙

2023 年 2 月 25 日于杭州

目录

目
录

知识地图　力通向何处

谢耳朵漫画

在翻开这一册书之前，请你先想想前六本书中我们学习过哪些知识？

让我想想……

 就知道你没复习！我们可是学了不少呢！

· 第 1 册 ·

我们学习了物理学的基础——测量

· 第 2 册 ·

生活中处处都有的声现象

·第 3 册·
我们看到随温度升降发生的物态变化

·第 4 册·
我们学习了光现象中的反射、折射和色散

·第 5 册·
我们沿着光学的道路，学习了透镜和它们的应用

·第 6 册·
我们认识了物质的基本属性：质量和密度

如果你已经全部掌握，
接下来就让我们
开启新的物理之旅吧！

第 41 堂

我们为什么要
学习力学

为什么山大魈朝山小魈打了好几拳都没有效果，最后反而被山小魈轻而易举地提到半空中了呢？

你肯定会说，还不是因为山大魈的力量太小呗！没错，在真实的世界中，练武之人要首先练好肢体力量，然后才能学习武术招式。

如果一个人只会武术招式，身体却很孱弱的话，即使别人站着让他打，他也没有丝毫胜算。反过来，一个人如果身强力壮，即使没有学过多少招式，也不会轻易被对方击败。因此，肢体力量训练是学习武术的基础。

同样的道理，在物理学中，有一个概念就像肢体力量一样重要，那就是"力"。如果一个人已经知道了运动、声音、光、物质的状态，却对力的概念一无所知，我们可以说他对物理学是"七窍已经通了六窍——仍是'一窍不通'"。

这是因为，力学是物理世界的黏合剂。如果没有力学，物理世界就是一堆七零八落的碎块。如果把"力"及相关概念从物理学中抽走，那么物理世界就会分崩离析。

在 300 多年前的牛顿时代，"力"这个概念才真正在物理学中生根发芽。在它出现以前，科学家研究物理现象的过程有点儿像"盲人摸象"。每当他们遇到陌生的现象时，他们能做的往往只有观察、测量和记录，没办法透过现象直达其背后的物理原理。

但是，当"力"的概念在物理世界中生根发芽后，科学家的脑瓜就突然"开了窍"。他们发现，许多自然现象，都或多或少可以通过物体之间的"力"来解释，并可以通过相关的力学定律进行严格推导和计算。

例如，假如没有"力"的概念，科学家只知道声音是一种由振动产生的波。这种波在不同气体中的传播速度是不一样的。为什么会不一样呢？没有人知道答案。

有了"力"的概念后，情况就发生了改变。科学家意识到，当声音在气体中传播时，组成气体的"小圆球"（气体分子或气体原子）会不断发生碰撞，并相互施加排斥力。

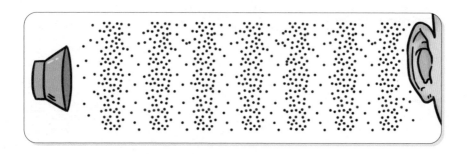

通过计算"小圆球"之间的力学作用，科学家发现，气体中的声速不是想多大就多大，想多小就多小，而是完全由气体的性质（密度和压强）决定的。

例如，声音在空气中的传播速度是 340 米 / 秒，完全是由空气的密度（1.29 千克 / 米^3）和压强（101.3 千帕）决定的。

假如我们在火星上，由于火星大气的密度和压强都跟地球不同，所以火星上的声速（240 米 / 秒）也完全不同。

你看，声速的问题看似完全无解，最终却可以被力学轻松化解。在真实的历史中，力学真的就是这么有用。和声现象有关的物理知识，最终全部被科学家纳入了力学的体系。

除了声现象，物理学家在力学的帮助下，一步步将物理学其他类型的现象都纳入了同一个体系，让散落的物理现象和物理概念紧密相连，形成了一个整体，于是才有了我们眼前这个统一的物理世界。

鉴于力学的角色如此重要，从这一册开始，请你跟我一起学习力学的相关知识吧！

你可能听说过,英国工程师瓦特在 18 世纪时发明了新型蒸汽机。从那以后,人们开始大规模地用机器代替人力,迎来了第一次工业革命。

但你可能没有听说过,瓦特会发明新型蒸汽机,并不是看到水壶烧开后灵机一动,而是利用物理理论发现了旧式蒸汽机的缺陷并对其加以改进。这个物理理论是什么呢? 它的名字叫热力学。

所谓热力学，研究的是物质吸热、传热和状态变化的物理原理。要想理解这些知识，我们就必须先学习热、功、能量、压强等基本概念。那么，怎样才能学好这些基本概念呢？答案是先学好"力"的概念。在后面的漫画中，你会看到热、功、能量、压强等概念，都可以从"力"推导出来。你只有充分理解了"力"，才有可能理解热、功、能量、压强，才有可能理解热力学和蒸汽机是怎么回事。

因此，我们说力学是第一次工业革命的科学基础，一点儿也不为过。

　　说得更远一点儿，如果你想成为一名优秀的物理学家，想要研究宇宙、黑洞、人工核聚变、量子计算等前沿的领域，你就更要扎扎实实地把"力"学好。因为要想研究这些前沿领域，你就必须先学好理论力学、电动力学、统计力学、量子力学这四门学科（江湖人称"四大力学"）。显然，这四门学科的基础都是"力"。

　　比如，如果你想研究人工核聚变，让未来的人类可以享用几乎取之不尽的清洁能源，你就得先学好统计力学。因为要想实现核聚变，你就要设法让核聚变材料达到 1 亿摄氏度的超高温度。在如此高的温度下，只有统计力学能够准确地描述其中发生了什么。

　　再比如，如果你想研究量子计算和第 6 册中的中微子质量，就得先学好量子力学。如果你想开发新一代的通信技术，如 6G，就得先学好电动力学。

总之，力学是物理学中最重要的一个分支。我们可以说，物理学中的绝大部分知识，都可以回归到"力"这个最基本的物理概念。

那么，"力"在物理学中到底表示什么东西呢？

　　在日常生活中，你肯定经常接触跟"力"有关的词语。比如，明天就要期末考试了，同学们会感受到一股无名的"压力"。为了让同学们考出一个满意的成绩，老师会督促大家"努力"学习。有的同学平时没有"努力"，他考试的时候就会觉得相当"吃力"；有的同学平时十分"努力"，他的考试成绩就会十分"给力"。虽然这些跟"力"有关的词语十分生动形象，但是很可惜，它们跟物理学中的"力"并不是一回事。

这道题好难啊！
嗯……好像这样算也不对！

吃力……

加油！你是最棒的！
这次必须考第一！

努力！　　努力！

在物理学中，"力"专门指代一个物体对另一个物体的作用。也就是说，物理学中的"力"，必须发生在两个物体之间。我们刚才说的"压力""努力"等等，都达不到"发生在两个物体之间"这个标准，因此，它们都不属于物理学中的"力"。

所以，一提起"力"（尤其是在中学阶段），你的脑海中就应该马上浮现一个问题：跟力有关的两个物体在哪里？如果一种"力"的现象连这个标准都达不到，那么它就不属于物理学中的"力"。

那么，两个物体是如何被"力"联系起来的呢？

谢耳朵漫画·物理大爆炸

第42堂

力的作用效果

当狗熊用力掰玉米棒子的时候，狗熊的胳膊是施力物体，玉米棒子是受力物体。

当仓鼠用力玩滚轮的时候，仓鼠的脚是施力物体，滚轮是受力物体。

第42堂

力的作用效果

敲黑板，划重点！

在物理学中，我们在观察一种"力"的时候，
要搞清楚谁是施力物体、谁是受力物体。

为什么非要搞清楚谁是施力物体、谁是受力物体呢？这不像两个小朋友打架，老师总是要问谁先动的手。我们之所以要搞清楚这个问题，是为了把注意力集中在受力物体上，从而通过观察受力物体的变化，理解力的作用效果。

那么，力的作用效果
有哪些呢？我们为什么要
搞清楚力的作用效果呢？

请看下一个故事：野猪
先生的抽奖大转盘。

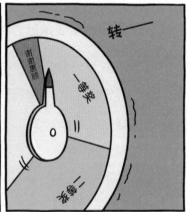

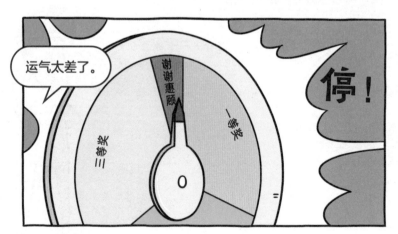

野
猪
先
生
的
抽
奖
大
转
盘

就这样，他们抽奖抽了 20 次……

　　山大魁的转盘明明已经停到"一等奖"的位置上了，可是，它却莫名其妙地倒转了起来，最终变成了"谢谢惠顾"！这是怎么回事呢？

　　原来，是野猪老板在暗中捣鬼。他在"谢谢惠顾"对应的转盘的背面，偷偷安装了一块磁铁。转盘的指针（施力物体）会对磁铁（受力物体）产生吸引力，这种吸引力会对磁铁的运动状态产生干扰。磁铁是绑在转盘上的，所以，这种吸引力也一同干扰了转盘的运动状态。本来转盘转得好好的，因为这股吸引力的存在，转盘就停在了原本不会停的位置上。

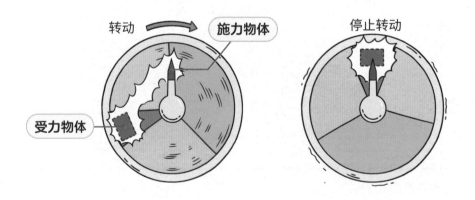

　　于是，我们发现了力的第一种作用效果：**力会改变物体的运动状态。**

在生活中，我们经常会观察到力对物体运动状态的改变。比如，一只足球本来是静止的，被你踢了一脚后，脚施加的力就让足球飞了出去。于是，足球的运动状态就从相对你静止，变成了相对你运动。反过来也一样，一只运动的足球到了守门员手上后受到力的作用，也会从相对守门员运动的状态，变成相对守门员静止的状态。

请你说一说，生活中还有哪些力改变物体的运动状态的例子呢？

为什么山大魈已经穿上了隐身斗篷，但是耳郭狐还是一下子就找到他了呢？

因为他站在了沙发垫上，对沙发垫施加了力，因此沙发垫的形状发生了变化。通过观察沙发垫上的两个脚印，耳郭狐成功推断出山大魈就藏在那里。

由此可见，除了改变运动状态，力还有一种效果，那就是让受力物体发生形变。

在生活中，我们经常会观察到力对物体形状的改变。例如，当你枕在枕头上时，你的头就对枕头施加了一股力。受到力以后，枕头的受力位置就会向下凹陷，形成一个小坑。

不过，对于不同的物体，力改变它形状的能力是不一样的。比如，当你枕在一个很硬的枕头上时，硬枕头凹陷的幅度要比软枕头小很多，如果不仔细观察，你可能很难发现。当你枕在一块砖头上时，砖头凹陷的幅度就更小了，必须用专业的仪器才能测量出来。

软枕头  凹陷明显

硬枕头 凹陷不明显

这么硬怎么睡啊？谢耳朵，你是不是针对我！

砖头  肉眼看不出来凹陷

请你说一说，生活中还有哪些力改变物体的形状的例子呢？

 敲黑板，划重点！

> 总结一下，力的作用效果通常有两种：一种是改变物体的运动状态，另一种是改变物体的形状。

那么，知道了力的这两个作用效果有什么意义呢？

我们为什么要研究力的作用效果呢?

其中有两个原因。

一个原因是,许多重要的物理现象,都跟力的作用效果有关。比如,为什么炮弹发射出去后,先是朝斜上方飞,然后渐渐地变成朝斜下方飞? 这是因为炮弹受到的重力,改变了炮弹的运动状态。

轰!

万有引力

　　再比如，为什么大海会有潮汐？如果你把地球的海平面画成一幅示意图的话，就会发现，大海的海平面不是平面，而是椭球面。这是因为，大海受到了月球（和太阳）万有引力的作用，改变了形状。

　　我们每年在特定时期看到的钱塘江大潮，其实就是海水形状变化，倒灌进钱塘江的结果。

　　另一个原因是，虽然"力"这个概念很重要，但是相比声现象、光现象、物质的状态变化等其他物理现象，"力"是我们完全听不见、看不到、摸不着的。既然听不见、看不到、摸不着，我们怎样才能认定某种现象中存在"力"呢？这个时候，我们就只剩下一种办法，那就是观察力的作用效果。

　　假如我们看到一个物体的运动状态发生了变化，那么我们就能百分百地确定，它一定受到了某种"力"的作用；假如我们看到一个物体的状态没有变化，形状却发生了变化，那么我们也能百分百地确定，它一定受到了某种"力"的作用。

　　因此，在学习"力"的概念时，我们唯一能够看得到、摸得着的东西，就是"力"的作用效果。只有先学会观察力的作用效果，我们才能更好地理解"力"这个抽象的物理概念。

　　那么，除了作用效果，力还有哪些重要的特性呢？

哗！

　　许多物理现象都源自某种力的作用效果。虽然力是看不见的，但通过观察力的作用效果，我们就能得知力的存在。

大家都在用力，你看见了吗？

请看下一个故事：
九牛之力，没有二虎。

第43堂

力的三要素

九牛之力，没有二虎

　　当我们平时说做一件事花了很大力气时，我们常常会说"费了九牛二虎之力"。可是，山大魈把仓鼠拉上来时明明不用花很大力气，他却说"费了九牛之力"，这是怎么回事呢？

　　原来，山大魈说的"九牛之力"并不是"九头牛的力量"的意思，而是说他花的力气不大不小，刚好等于"九牛"。"九牛"究竟是多大的力呢？

　　如果你把两颗中等大小的鸡蛋放在掌心，鸡蛋对你施加的力就是 1 牛。当你在掌心放入 18 颗中等大小的鸡蛋后，你受到的力就是 9 牛。如此看来，山大魈拉仓鼠的时候确实费了不少力气呢。

9 牛

数值小课堂

常见的力的大小比较

人吃饭时的
咬合力
220 牛

拳击的攻击力
500 牛

单匹马的拉力
1600 牛

菱形千斤顶的
支持力
10000 牛

湾鳄的咬合力
18500 牛

世界上最大的
起重机的拉力
75000000 牛

　　聪明的你可能已经发现了，牛顿不仅是力的单位，还是一位著名科学家的名字。没错，有请英格兰著名科学家、现代物理学之父牛顿先生出场！

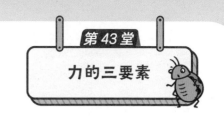

提到牛顿对物理学的贡献，那可是三天三夜也说不完。让我随便举几个例子。

在力学中，牛顿提出了**质量**的概念，以及**三大运动定律和万有引力定律**；在声学中，牛顿提出了**计算声速大小的公式**；在光学中，牛顿发明了**反射式望远镜**，**将白光分解成了七色光**，还提出了**颜色理论**。

除此之外，牛顿还有很多普通人不容易读懂的贡献，比如，牛顿提出了**流体运动方程**。我们经常在短视频中看到的用玉米糊糊做的"非牛顿流体"，就跟这个方程有关。

反射式望远镜

非牛顿流体

因此，单从贡献的质量上说，牛顿是实打实的现代物理学创始人。另外，从贡献的数量上说，牛顿也称得上前无古人后无来者。让我用三个简单的例子来说明一下。

第一，牛顿第一次对物理学的现象和规律进行了统一。在牛顿之前，绝大多数人认为，天上是神的世界，遵循一套物理规律；地上是人的世界，遵循另一套物理规律。

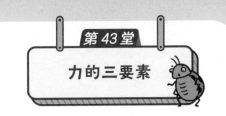

但牛顿用三大运动定律和万有引力定律证明，天上的月升月落和地上的苹果下落遵循的是同一套物理规律。世上不存在两套物理规律，而是只有一套。我们只需要悉心研究身边的自然现象，就有可能参透整个宇宙的奥秘。

在牛顿之后的几百年中，物理学又经历了好几次统一过程。这些统一过程背后的精神动力，都可以追溯到牛顿。

第二，牛顿定义了力的概念，并由此发展出了物理学的中枢——力学。你可能会问：力学不是物理学的一个分支吗？为什么说它是物理学的中枢呢？

这是因为两种说法采取了不同的视角。如果我们从现象出发，就可以把物理学分成运动学、声学、光学、物质的属性、力学、热学、电磁学等许多分支。在这种视角下，力学确实只是物理学的一个分支。

但如果我们从学科逻辑的角度，把物理学的基本概念画成一个知识网络，就会发现，我们已知的所有物理学知识，最终都会在力学这个学科中相遇。这个现象很容易理解，因为物理学家本来就是从力学出发，将物理学概念一个个连成网的。

我们在前面的解读中说到物理学存在"四大力学"，也可以看作力学这个中枢的延伸。

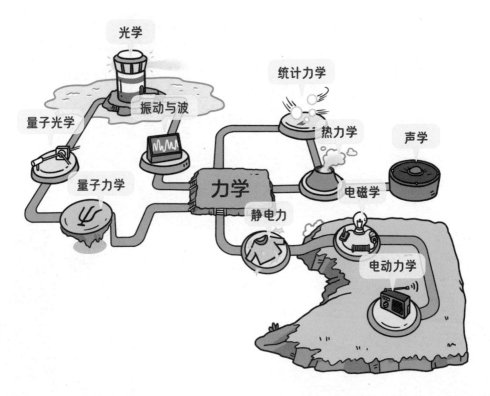

第三，牛顿在做出以上两点贡献的过程中，"顺便"发明了微积分这个普适的数学语言。你知道吗，当你考上大学以后，不管你打算学物理、化学、生物、地球科学、心理学、计算机还是医学，甚至经济学、金融学、地理学、考古学，你都必须先学习微积分。在科学世界中，微积分已经成了一门通用语言。

你看，无论是数量上还是质量上，牛顿都对现代物理学做出了无人能及的贡献。为了纪念他，科学家将"牛顿"（Newton）一词定义为衡量力的大小的单位。有时，我们会把"牛顿"简称"牛"。它的符号是"N"。

51

你看，有了"牛"这个单位以后，我们就能精确地比较力的大小啦。为什么我们要比较力的大小呢？

这是因为，**力的大小会影响力的作用效果。**

例如，如果我们用 10 牛的力量去踢一下足球，足球只会轻飘飘地向前滚动；如果我们用 200 牛的力量狠狠地踢一下足球，足球就会"嗖"一下飞出去，飞得又高又远。

10 牛　　　　　　　　　　200 牛

咚……

砰！

再比如，如果山大魁坐进汽车，他施加的压力就会让汽车沉下去一点点儿，但车上的人几乎感觉不到；如果坐进车里的是象不象，那么全车的人都会感觉汽车猛地沉下去一大截。

力的三要素

我一定要好好保养心爱的车车！

走！我们出发吧！

咚！

敲黑板，划重点！

在物理学中，我们常常通过了解力的大小，推断它可能产生的作用效果。反过来，我们也会通过观察力的作用效果，推断出力的大小。

那么，力除了有大小，还有哪些特性呢？

请看下一个故事：门为什么推不开。

山小魈用了很大的力气推门，可就是推不开。结果，山大魈抓住门把手轻轻一拉，门就打开了。哈哈，原来那扇门不是推的，而是拉的。

在物理学中，"推"和"拉"并没有本质区别，它们其实都是在向物体施加作用力。然而，你会发现，当推力和拉力的大小相同时，它们产生的效果却是十分不同的。这就说明，力的方向也会影响力的作用效果。

例如，在台球比赛中，运动员需要小心地控制出杆的方向。只有控制好发力的方向，白球才能沿着正确的轨迹运动，将花球撞到球袋里。

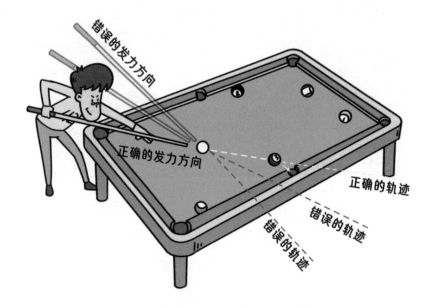

再比如，如果我们用左脚将足球朝右边踢，球就会朝右边滚；如果我们用右脚将足球朝左边踢，球就会朝左边滚。你不要小瞧这一点点儿方向的差别。在足球比赛中，当运动员发力射门时，他们总是要将球朝着防守空虚的地方踢，否则的话，就算他踢球的力量再大，球也很容易被守门员挡住。

那么，除了方向，力还有哪些特性呢？

请看下一个故事：门为什么还是推不开。

哎呀，山小魁你怎么这么糊涂呀！你的力作用在门轴附近，当然再怎么使劲也推不开啦。你得把力作用在靠近门把手的一侧，才能把厚重的大门推开。

敲黑板，划重点！

这个故事说明，我们找对了力的方向、用对了力的大小还不够，我们还得选对力的作用点。大小和方向相同的力，如果作用在物体的不同位置，就可能会产生截然不同的效果。

呀！

躲

例如，台球运动员常常通过控制球杆和白球相撞的位置，来控制白球进入不同的运动状态。如果球杆打在白球的正中心，白球就会直接向前滚动，画出一道直线。

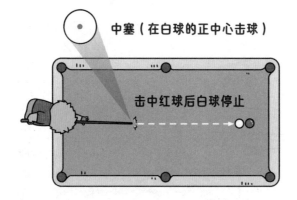

中塞（在白球的正中心击球）

击中红球后白球停止

如果球杆打在白球中心靠左的位置，白球就会一边滚动一边沿着顺时针的方向转动，最终画出一道弧线。

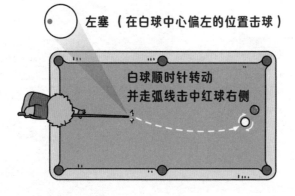

左塞（在白球中心偏左的位置击球）

白球顺时针转动
并走弧线击中红球右侧

力的三要素

如果球杆打在白球中心靠下一点儿的位置，白球就会一边向后旋转一边向前滚动。此时，如果白球正中一个花球，它就会停止滚动，然后倒着滚回来。

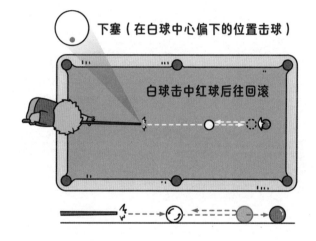

下塞（在白球中心偏下的位置击球）

白球击中红球后往回滚

在台球比赛中，每名台球运动员都要学会控制白球的轨迹和状态，因此，每名台球运动员都是控制力的大小、方向和作用点的高手！

力的大小、方向和作用点叫作力的三要素。亲爱的读者，你记住了吗？

谢耳朵漫画·物理大爆炸

第 44 堂

力的作用是相互的

为什么山小魈被大鳄鱼揍得鼻青脸肿，却仍然觉得自己帮山大魈出了一口恶气呢？

因为山小魈的脸受到大鳄鱼的拳头的作用力时，大鳄鱼的拳头也受到了山小魈脸的作用力。也就是说，通过挨打的方式，山小魈用身体的一部分（主要是脸）狠狠地"打"了大鳄鱼。

同样的道理，在上一个故事里，山大魈为什么骗大鳄鱼去撞门呢？这也是因为力的作用是相互的。当大鳄鱼用脑袋使劲撞门时，他的脑袋也会受到门的撞击力。结果，门没有撞开，大鳄鱼自己却昏了过去。

敲黑板，划重点！

力的作用是相互的。假如你向一个物体施加一个力，那个物体一定会同时向你施加一个大小相等、方向相反的力。在物理学中，这个相反的力叫作反作用力。

因此，当大鳄鱼的脑袋向门施加作用力时，门也在向他的脑袋施加反作用力。

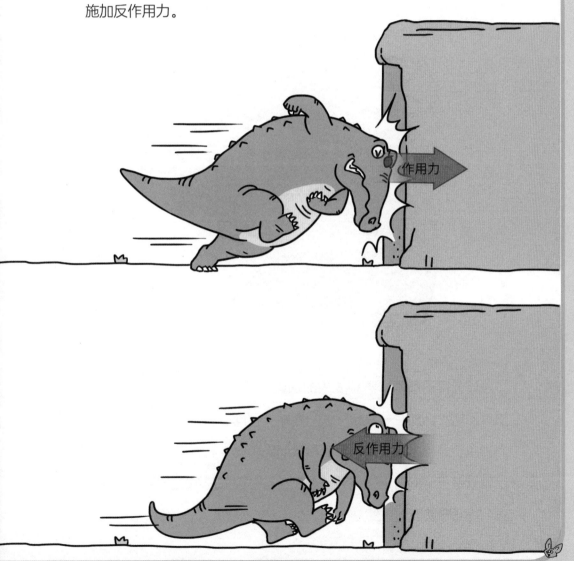

当大鳄鱼用拳头向山小魈的脸施加作用力时，山小魈的脸也在向大鳄鱼的拳头施加反作用力。

还记得前面的"野猪先生的抽奖大转盘"吗？在那个故事里，磁铁向指针施加了一股作用力，而指针也向磁铁施加了一股反作用力。由于作用力和反作用力是相对的，因此，施力物体和受力物体也可以是相对的。这就是为什么我在当时可以把指针描述为施力物体，而把磁铁描述为受力物体。

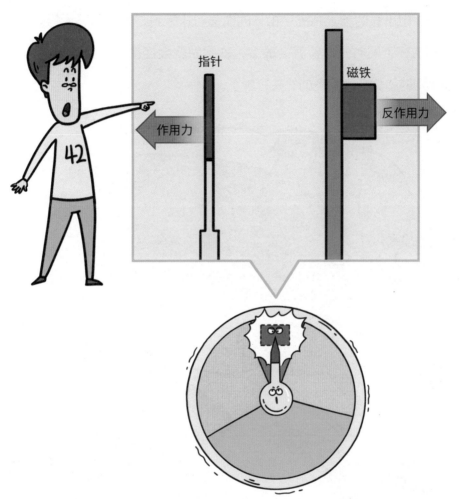

指针

磁铁

作用力

反作用力

既然世界上所有的作用力都会同时伴随一个反作用力，那么为什么大鳄鱼撞昏了过去，门却安然无恙呢？为什么山小魁的脸变肿了，大鳄鱼的手却没有变肿呢？

　　虽然力的作用是相互的，但两股力的作用效果可以是不同的。例如，山小魃的脸上布满了松软的血管和软组织，当一股强大的外力施加在上面时，血管就会破裂，软组织就会挫伤、发炎，于是，山小魃的脸就被大鳄鱼的拳头打肿了。

软组织

血管

力的作用是相互的，作用效果却是不同的！

　　反过来，大鳄鱼的拳头上布满了硬邦邦的鳞片和结实的肌肉，当同样大小的反作用力施加在上面时，鳞片和肌肉会将其中的力量分散、吸收，不会破裂、挫伤。因此，大鳄鱼的拳头并没有被山小魁的脸打肿。同样的道理在大鳄鱼的脑袋和门上也适用，在这里我就不赘述了。

沙包大的拳头你见过吗？

　　你发现了吗？**作用力与反作用力的效果之所以存在不同，是因为它们作用的对象不同。如果二者作用的对象是相同的，那么结果也可以是相同的。**比如，山小魁的脸和我的脸撞在一起，我们的脸一定都会肿起来。

在生活中的许多角落，反作用力都在偷偷地发挥着重要的作用。

比如，当我们走路的时候，地面并不会主动把我们向前推，相反，我们的双脚需要主动向地面施加一个作用力，并借助地面向我们施加的反作用力，才能顺利地向前移动。由此看来，每个宝宝在 1 岁的时候就已经懂得利用反作用力啦！

在实际的生产中，反作用力扮演的角色就更重要了。

例如，太空飞船飞到太空后，就再也无法接触任何外部物体，所以也就基本无法从外部获得推力或拉力。因此，航天工程师会在太空飞船中注满推进剂（又叫作工质）。

当飞船需要受到向前的推力时，发动机就会开始消耗推进剂，并向后喷出高温高压的燃烧物。

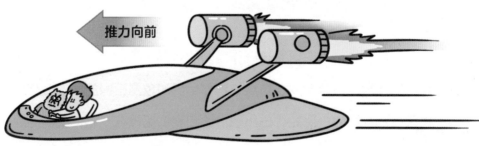

向后喷出高温高压的燃烧物

推力向前

　　当飞船需要受到向后的推力时，发动机就转一个方向，开始向前喷射高温高压的燃烧物。这个道理就像你在光滑的冰面上，可以通过向四周扔重物来改变自己的运动状态一样。

大鳄鱼来了，快点儿倒着开！

向前喷出高温高压的燃烧物

推力向后

亲爱的读者，你还知道哪些在生活中利用反作用力的例子呢？请你说说看。

　　反作用力不仅仅会给我们带来便利，有时候，它也会成为添乱的"捣蛋鬼"。

　　例如，士兵用步枪向靶子射击时，火药爆炸后会将子弹狠狠地向前推，同时也会将步枪狠狠地向后推。于是，在子弹射出的一瞬间，士兵会感受到步枪的一股后坐力。假如士兵没有提前准备，这股后坐力就会让枪口上扬，导致子弹偏离瞄准的方向。遇到威力大的特殊枪支，士兵甚至会被震得摔一跤。

第 44 堂

力的作用是
相互的

因此，在实弹射击前，每一个士兵都要先学习各种射击姿势，以保证后坐力不会造成太大的影响。在我国，每个大学生在入学以后都会接受短期军事训练。我上大学时参加的军事训练包含了实弹射击。当时我射出了 5 发子弹，结结实实地感受到了后坐力的滋味！

现在开始学射击，等我 30 岁的时候说不定就可以当将军了。

突突突！

训练场

亲爱的读者，你还知道哪些跟反作用力有关的"麻烦事"呢？请你说说看吧。

第 45 堂

弹力、弹性和塑性

你发现了吗？在山小魈落在蹦床上之前，蹦床的形状没有发生变化。当山小魈落在蹦床上后，蹦床就被他的力量压弯了。没过多久，蹦床又恢复了原先的状态，并把山小魈狠狠地弹到了天上。

前一个故事也是类似的道理。树先是被山大魈拉弯了，然后又恢复原状，狠狠地砸在了大鳄鱼的头上。这两个故事都告诉我们，许多物体在外力的作用下发生形变以后，都存在变回原形的趋势，并产生相应的反作用力——弹力，如果我们撤去外力，它们就会立刻变回原形。这样的性质叫作弹性，弹性和弹力对我们的生活太重要了。

没有弹性，我们就没法用橡皮筋扎头发，汽车就无法在颠簸的道路上平稳行驶。没有弹力，我们就没法踢足球、打篮球，打鼓的时候，鼓面就会永久地凹陷下去，无法通过振动发出声音。

更重要的是，如果没有弹性和弹力，我们就很难测量一股力的大小。

敲黑板，划重点！

物体因为弹性形变而产生的力叫作弹力。

假如世界上没有了弹力……

咯噔！咯噔！

明明打足气了，这只篮球怎么弹不起来呢？

咚！

还记得吗？力的作用效果有两种，一是改变物体的运动状态，二是改变物体的形状。你可能会问，知道这两种效果有什么用吗？

当然有用，因为力是看不见、摸不着、听不到的，通过观察力的作用效果，我们才能推断出力的存在。加上弹性和弹力之后，我们还能测量出力的实际大小。

弹簧测力计中用来测量力的大小的，就是一根简简单单的弹簧。我们知道，当我们把一股外力（比如拉力）施加在弹簧上时，弹簧就会略微伸长。只要不超过一定范围，这股外力越大，弹簧就伸得越长。如果我们在弹簧旁边放一把尺子，在上面标上力的刻度，一个弹簧测力计就做好了。

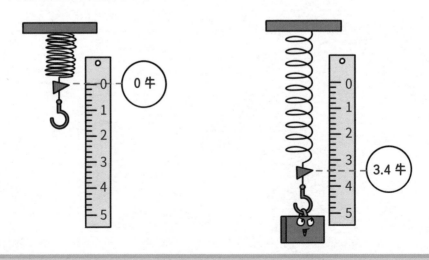

除了弹簧测力计，我们有时还会用到**电子测力计**。它的原理跟弹簧测力计有点儿类似，只不过，扮演关键角色的不是弹簧，而是一种电子元件，叫作**负荷传感器**。当外力施加在上面时，负荷传感器会把力转化成电信号。我们从电子测力计上看到的读数，就是从这种电信号翻译过来的。

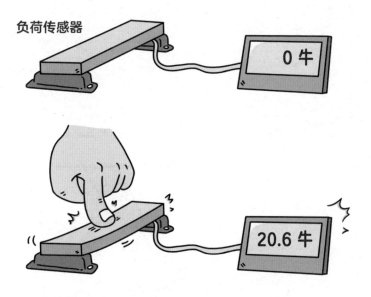

负荷传感器

0 牛

20.6 牛

注：通过测量物体运动状态的变化程度，我们也能测量力的大小。这一点我会在下一册《运动和力》中讲到。

橡皮泥为什么不会自动恢复形状

第 3 节 弹簧的弹性范围和塑性

中国有句老话，叫"日中则昃（zè），月满则亏"，意思是说，太阳到了正午就会向西落下，月亮变成满月以后就会变成残月。这句话想要比喻的是，事物在发展到某个程度时，就会向相反的方向转化。在我看来，这个道理也适用于弹簧。

上一节我们说到，只要不超过一定范围，弹簧受到的外力越大，伸得越长。那么超过这个范围会怎么样呢？答案是弹簧的弹性会消失，再也回不到原来的形状了。**这种在外力下发生形变，而且在外力撤去后无法恢复原状的性质，叫作塑性。**

所以，我们在使用弹簧测力计的时候，一定要格外注意它的量程。如果这股力在量程范围内，测量结果就是准确的；如果这股力超出了量程范围，非但测量结果不准确，弹簧测力计还有损坏的风险。

虽然我们要尽量避免弹簧测力计的塑性变形，但有时候我们想要利用的恰恰是物体的塑性。比如，工厂把金属加工成各种形状的零件，就是在利用塑性；动物学家利用地面上的足印来识别动物，也是在利用塑性。

星光大道手印

Toby Oxborrow 摄，Wikimedia Commons 收藏，遵守 CC BY-SA 2.0 协议

金属锻造

图片来源：Ermolaeva Olga 84/Shutterstock

吹玻璃

图片来源：Benoit Daoust/Shutterstock

折纸

图片来源：Jakkrit Orrasri/Shutterstock

谢耳朵漫画·物理大爆炸

第46堂

重力和万有引力

是什么让榴莲从树上掉下来，砸到了大鳄鱼的脑袋上？是什么改变了饮料罐的运动方向，让饮料罐砸到了山小魈的头上？是什么让树叶飘落？是什么让枯木倾倒？是什么让秋千往复摆动？是什么让江河激情奔涌？是什么让上楼梯的过程十分困难？是什么让引体向上的过程难上加难？

答案不是别的，正是**重力**。

重力很重要哟，如果没有重力，我就会……

第 46 堂

重力和万有引力

在地球上，所有的物体都会受到重力，如果没有重力，所有的物体都会脱离地球表面，在太空中四处飘浮。更重要的是，如果没有重力，海洋和河流也不会乖乖地待在地球表面，我们呼吸的空气也会逃得无影无踪。与此同时,地球会分裂成无数块形状各异的石头，不会聚集成一个近乎完美的球形。

如果没有重力，世界的一切都将彻底改变。

第 2 节 重力的大小取决于物体的质量

山小魈不愿意把自己的质量告诉山大魈，可是，当山小魈把身体悬空，向山大魈展示自己的臂力之后，山大魈就算出了他的质量。这是怎么回事呢？

原来，山大魈在房顶安装了一个测力计，并用这个测力计测出了山小魈受到的重力。

敲黑板，划重点！

在相同的条件下，一个物体的质量越大，它受到的重力也就越大。

1 千克的物体（在地球表面）的重力大约是 9.8 牛；2 千克的物体的重力是 1 千克的物体的 2 倍，也就是 19.6 牛；3 千克的物体的重力是 1 千克的物体的 3 倍，也就是 29.4 牛；以此类推。可见，物体的重力与它的质量成正比。重力等于质量乘以 9.8 牛 / 千克。

物体受到的重力	物体的质量	9.8 牛 / 千克

$$G = m \times g$$

相反，当我们知道一个物体的重力之后，只要用这个数值除以9.8牛／千克，我们就能够算出它的质量。山大魃就是用这个办法，算出了山小魃的质量。

在这里我需要提醒一下，每个人的质量都属于个人隐私，我们在日常生活中可千万不要随便询问别人的质量哟。

注：让我们再讨论一下重量和质量的区别。在生活中，我们说的"重量"就是指物体的质量，它的单位是千克。在物理学中，重量所指的应该是物体受到的重力，它的单位是牛。重量（重力）的大小取决于物体的质量。

今天又迎来了一年一度的短跑比赛。这次参赛的有一位重量级选手：重力。

当当当！

重力

它是否会成为我们这届比赛的黑马呢？大家拭目以待吧！

强壮

有力

预备——开始！

砰！

> 为什么短跑比赛一开始，"重力"就陷到地底了呢？既然山小魈已经双脚向上，大头朝下了，为什么他还是落回地面了呢？

这是因为，重力的方向是垂直向"下"的。**而这里的"下"，指的其实是地球的中心。**由于地球的中心在山小魈双脚的方向，而不是脑袋的方向，山小魈即使在画面中已经"大头朝下"了，却还是被重力拉回了地面。最终，山小魈从南极跳进太空的梦想破灭了。

这两个故事蕴藏着一个重要的道理：**我们平时说的"上"和"下"，并不是绝对的，而是随着你在地球表面位置的变化而不断变化的。**

请看右边这张示意图。当你在地球的北极时，北极星正好在你的头顶，而南极座正好在你的脚下。于是，你会觉得北极星的方向代表"上"，而南极座（虽然你看不到）的方向代表"下"。当你在地球的南极时，南极座正好在你的头顶，而北极星正好在你的脚下。于是，你会觉得南极座的方向代表"上"，而北极星（没错，你也看不到）的方向代表"下"。

北极星

北斗七星

上下是相对的。当你站在北极时，南极在你脚下，你就会觉得南极的人是倒立的。

哈哈，山大魈、山小魈你们两个还是多读读书吧！

我现在的位置才是正立的。

以南极座和铅锤为证，我才是正立的。

南极座

如果你既不在北极，也不在南极，那么你就会觉得别的方向分别代表"上"和"下"。这就说明，我们感受到的"上"和"下"，其实是相对的，而不是绝对的。不信你看下面的照片，我们每个人都是向"上"站立的。

第 46 堂
重力和万有引力

既然"上"和"下"是相对的，那我们是不是可以根据自己的喜好，随意定义"上"和"下"的方向呢？当然不行。这是因为，我们的感官天然认为重力指向的方向是"下"，而与之相反的方向是"上"。也就是说，**重力的方向决定了地球表面每个地方的"上"和"下"的方向。**

在著名科幻小说《三体 III·死神永生》中，作者刘慈欣描述了一种依靠旋转而产生人工重力的轨道空间站。这些空间站大都是圆环状的，并且在不断围绕圆心转动。生活在圆环里的人会受到转动的离心力的影响，而感受到一股将自己向圆环外壁拉扯的人工重力。这时，不管一个人待在圆环的什么地方，他都会认为重力的方向（也就是双脚的方向）是向下的，而头顶的方向是向上的。

敲黑板，划重点！

1. 在地球表面，重力的方向总是垂直向下、近乎指向地球中心的。
2. "上"和"下"是相对的，而不是绝对的。
3. 生活在地球表面的人会依据重力的方向定义自己的"上"和"下"。

第4节 什么叫重心

> 为了不用爬上 13 楼，象不象爸爸决定利用吊车的吊钩。可是，当山小魁启动吊车，伸长了吊臂，正要把象不象爸爸吊起来时，吊车却一个跟头摔了个"狗啃泥"。这是怎么回事呢？

这是因为，象不象爸爸挂在吊钩上的行为，无意中让吊车的重心发生了偏离。这时，吊臂伸得越长，吊车的重心就偏得越远，当吊车的重心偏出一定范围后，吊车就会在重力的作用下发生倾倒。这就像你的重心偏出一定范围后，你也会摔倒一样。

第46堂

重力和万有引力

重心

重心

啾！

重心

重心

那么，到底什么叫重心呢？当一个物体受到重力时，它的每个部分都会受到重力的作用。也就是说，重力的作用点遍布了整个物体。因此，当我们分析重力的作用时，需要同时考虑成千上万个不同的作用点，这样做实在太麻烦了。

于是，聪明的科学家想到了一个办法。他们在物体的身上找到了一个特殊的位置，如果我们把这个位置看作重力的作用点，那么我们得到的结果会跟同时考虑成千上万个不同的作用点一样。如此一来，分析重力就变得简单多啦！这个特殊的位置就叫作物体的**重心**。

重力的作用点有很多　　　重心只有一个

通常来说，物体的重心就在它的几何中心上。对于密度不均匀的物体，重心总是偏向物体密度较大的区域。而对于像大吊车加上大象这样的形状不规则且密度不均匀的物体，寻找重心就很需要经验和技巧啦。

亲爱的读者，请你猜猜看，下面哪些场景的重心发生了偏离，物体即将发生倾倒呢？

当我们的重心（的投影）位于我们的双脚之间时，我们可以稳稳地站立；当我们的重心超出两脚的范围时，我们就会失去平衡，向一侧摔倒。

那么问题来了，在我们的重心超出双脚的范围后，有没有一种办法能够让我们的身体继续保持稳定呢？有！具体方法请看下面这个小实验。

实验需要四个身高差不多的小伙伴、一或两名实验助手、四把椅子。

第一步，如下图所示，让四个小伙伴互相背身坐在四把椅子上。

第二步，四个小伙伴同时将身体向后仰，将自己的头枕在别人的腿上。

第三步，实验助手将椅子一把一把地撤走。

第四步，大功告成！

这时，每个小伙伴的重心都落在了自己的双脚之外。乍一看，每个小伙伴都会向一侧倾倒，然而，每个小伙伴都从别的小伙伴那里获得了支持力。有了这股支持力，他的身体就不会倾倒了。于是，每个小伙伴都可以稳定地"半立半躺"。

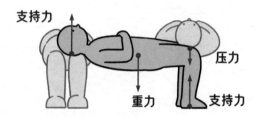

换个思路，如果我们把四个小伙伴看作一个整体，就会发现他们一共有八只脚。他们的公共重心正好落在八只脚的范围内。因此，他们可以稳定地"站立"，不会向一侧倾倒。

为什么地球说自己的吸引力最厉害后，立刻遭到了其他星球的嘲笑呢？

原来，在浩瀚的宇宙中，地球产生的吸引力实在是太不起眼啦。宇宙中比它厉害的星球多的是，而且，它们的吸引力比地球的吸引力不知道大多少倍。确切地说，**宇宙中的一切物体都会对周围的物体产生吸引力。于是，这种吸引力被人们叫作万有引力**。我们在宇宙中观察到的许多现象，都是万有引力的作用效果。

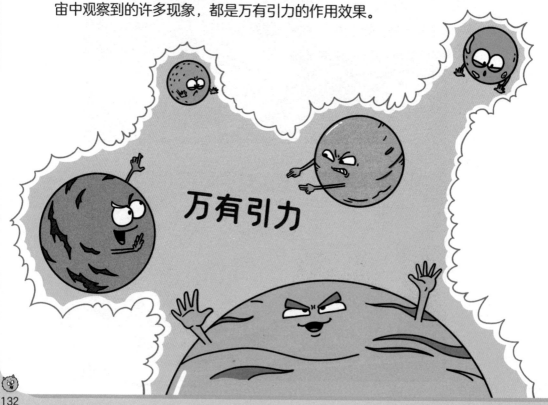

例如，万有引力会迫使附近的物体向星球的表面坠落。如果你跑到这颗星球的附近，就会像在地球表面一样，感受到一股或强或弱的重力。因此，**万有引力的第一个效果就是让附近的物体感受到重力**[注]。

万有引力的效果之一：重力

注：重力的大小和方向很接近万有引力，但并不完全等同于万有引力。这是因为，每个人都在随着地球表面围绕地球中心转动，这种转动会抵消一部分万有引力。我们感受到的重力，就是万有引力被转动抵消后的结果。

不知道你有没有想过这样一个问题：月亮在绕着地球转，木星的一大群卫星在绕着木星转，地球、木星及太阳系中的星球都在绕着太阳转，而太阳带着整个太阳系在绕着银河系中心转。是谁在维持这种转动的状态，使它们不会"嗖"地一下飞出去呢？答案是万有引力。因此，**万有引力的第二个效果是维持天体绕着其他天体转动。**

万有引力的效果之二：公转

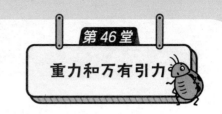

除此之外，**万有引力还有一种常见效果，那就是改变附近天体的形状。**例如，地球上的海洋每天涨潮又退潮，就是因为地月之间的万有引力改变了海洋的形状，与此同时，月球的外壳也在万有引力的作用下凸起来又落下去。只不过，这种变化十分微弱，肉眼是看不到的，只有专业的仪器才能探测到。

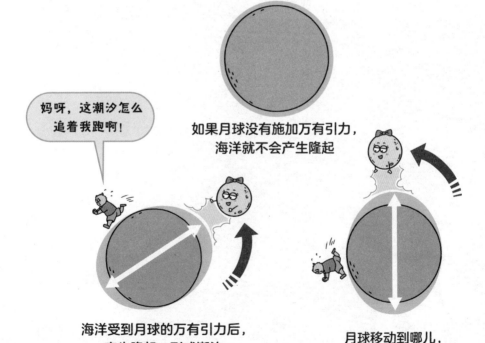

万有引力的效果之三：潮汐力

如果月球没有施加万有引力，
海洋就不会产生隆起

妈呀，这潮汐怎么
追着我跑啊！

海洋受到月球的万有引力后，
产生隆起，形成潮汐

月球移动到哪儿，
潮汐就跟着跑到哪儿

最后，万有引力还有一种不为人知的效果，就是改变附近天体的运动轨迹。例如，一个彗星原本并不围绕木星转动，但如果它恰好跑到离木星不远的地方，就有可能被木星的引力俘获，变成围绕木星的一颗卫星。

　　到 2022 年为止，彗星被木星俘获的事件已经被天文学家用望远镜观察到了 5 次。其中一次，彗星最终碎裂成 21 块，坠落在木星上。

万有引力的效果之四：轨道扰动

彗星原本的运动轨迹

彗星

彗星进入木星引力场范围后的运动轨迹

我只是出来遛个弯儿！

总之，万有引力无时不在、无处不在。它让我们感受到重力，它让海洋潮起潮落，它维持着星系的稳定，它让地球充满了生机。除此之外，万有引力还能扭曲空间、减缓时间的流逝。它不但决定了宇宙的过去和现在，也决定着我们和宇宙的未来。

看你往哪儿跑！
留下来陪我玩！

木星

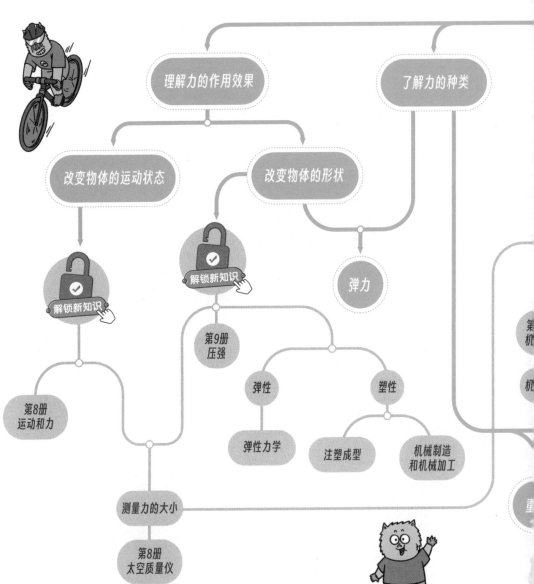

知识地图 **力通向何处**

对

理解力的作用效果

了解力的种类

改变物体的运动状态

改变物体的形状

弹力

解锁新知识

解锁新知识

第9册
压强

第8册
运动和力

弹性

塑性

第
机

机

弹性力学

注塑成型

机械制造
和机械加工

测量力的大小

第8册
太空质量仪

重

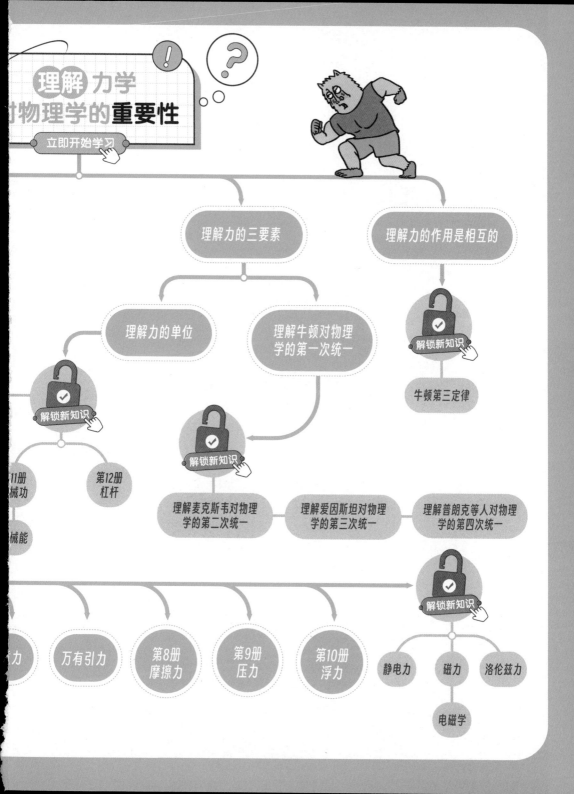

理解 力学
对物理学的重要性

立即开始学习

理解力的三要素

理解力的作用是相互的

理解力的单位

理解牛顿对物理学的第一次统一

解锁新知识

牛顿第三定律

解锁新知识

第11册 机械功

第12册 杠杆

机械能

解锁新知识

理解麦克斯韦对物理学的第二次统一

理解爱因斯坦对物理学的第三次统一

理解普朗克等人对物理学的第四次统一

万有引力

第8册 摩擦力

第9册 压力

第10册 浮力

解锁新知识

静电力

磁力

洛伦兹力

电磁学